我的自然笔记+

可爱动物

（韩）柳多情　著
（韩）申智修　绘
崔雪梅　译

辽宁科学技术出版社
沈　阳

┃目录┃

在寒冷地区生活的人们和在酷热地区生活的人们，
无论是他们的长相和穿衣打扮还是生活方式，都各不相同。
那是因为，他们都是为了适应自己的生存环境。
不仅我们人类如此，动物们也以特有的方式，
来适应着各自的生存环境。
那么，动物们的适应方式又都有哪些呢？

你想知道我大耳朵的秘密吗？那你就跟我来吧！

环境不同，个性也不同！

叮咚，叮咚，叮咚……虽然上课的铃声已经响了，但只要老师不进教室，不管是男生还是女生，那些淘气包们，又是来回跳桌子追逐，又是大声吵闹。那场面简直乱成了一锅粥！你也见过吧？但这时，如果进来一位表情严肃的老师，学生们都会麻利地回到自己的座位，老老实实地坐好。

如果此时教室里进来的是一位笑容可掬的老师，那些淘气包们还会乖乖地就座吗？

就如同在严苛的老师面前与和善的老师面前，学生们

会采取截然不同的态度一样，我们人类也会根据所处不同的生活环境而采取不同的生活方式。究竟会有哪些不同？你只要看一眼他们的服饰，就会明白了。

在严寒地区生活的因纽特人，都穿着用兽皮做成的皮袄；而在酷热地区生活的土著居民，只把身体的主要部分围挡一下就可以了，这应该算是最简便的衣服了。但在沙漠地区居住的人们，则用长长的布条把自己围得里三层外三层的，怕被强光所伤。

怎么样？人们的穿着真的跟所处的生活环境有着密切的关系吧！此外还有饮食、游戏、娱乐、住房等方面都不一样哦。

环境，围绕着万物生灵，还直接对生物造成各种各样的不同影响。它是包罗万象的，比如：地域、温度、湿度、食物、水和阳光等。

捕食者，是指以其他动物为食的动物。比如，老鹰捕捉兔子，老鹰就成了兔子的捕食者。

动物们也和我们人类一样，随着环境的不同，它们的长相和生活方式也都各不相同。它们的相貌体征和活动方式，都很适合于所处的生活环境。即使是同种类的动物，其长相和生活习性也都会略有不同。真的会这样吗？

咱们就拿生活在极地寒冷地区的北极狐和生活在沙漠地区的沙漠狐，来做个比较吧！

虽然这两种动物都属于狐狸，但北极狐长有一身柔软厚实的雪白长毛和一对小耳朵；那么，沙漠狐呢？它的毛比较短且呈与沙漠一样的黄色，但它的耳朵却很大。它俩的相貌特征是不是完全不同啊？就是这样两个种类相似的动物，它们的个性还有很大的差别呢！这是因为，为了更好地适应各自的生存环境，它们都采取了不同的生存策略。

北极狐那身雪白的长毛，与周围冰天雪地的环境融为一体，能轻易地骗过捕食者的视线，从而很好地起到了隐身的作用，而它的那对小耳朵，也大大减少了自身热量的

流失，起到了保暖作用。

　　而沙漠狐的毛色是与周围漫天黄沙的颜色非常接近的，所以也很好地起到了隐藏自己、攻击猎物的作用。而它的那对大耳朵，也能很好地起到防止自身体温过高的散热作用。这下，你全明白了吧？

　　那么，除了北极狐和沙漠狐，其他动物们又是怎么去适应各自的生存环境呢？

　　生活在寒冷的南极地区的那些企鹅们是怎样抵御严寒的呢？在一年四季几乎都见不到几滴雨的沙漠地区，那些骆驼们又是怎样补充自身所需的水分呢？在终日不见一缕阳光的深海地区里生活的那些鱼儿们又是怎样采食的呢？

　　想知道的东西实在太多了，是吧？从现在开始，就让我们一起去探寻那些动物们究竟是用怎样的个性，来适应自己的生存环境的吧！

你身上也没长毛，
难道不冷吗？

谁会在冰冻三尺的寒冷极地生活呢？
谁会在几乎不下雨的干旱沙漠地区生活呢？
谁又会在郁郁葱葱的热带雨林里生活呢？
我们就带着这些问题，逐一去了解，
那些在如此多样的栖息地生活的动物们，
究竟是以什么样的方式来适应环境的呢！

什么话！我这身厚厚
的脂肪层，不比你的
那身厚毛衣差！

好冷啊！在极地生活的动物们

你曾有过在寒风凛冽的冰天雪地里坐雪橇的经历吧。不管你穿着多厚的衣服、戴上棉手套，还是围上了毛围脖，不一会儿就会冻透。

但是，一年四季都这么寒冷的地区，居然还有人会选择在这里定居生活，真是令人难以想象啊！他们就是生活在北极地区的因纽特人。

因纽特人的长相，看上去也比较奇特。他们的个子普遍都很矮小，却个个都很敦实。因为这样的体型能最大限度地防止热量散发，抵御严寒。

他们的两腮和眼皮上，都有一层很厚的脂肪层。这样就能很好地抵御凛冽寒风的侵袭，能有效保护皮肤，防止冻伤、冻裂。

这样看来，因纽特人的外貌特征，就是为了适应在这种恶劣环境下生存而进化的。即便如此，他们也离不开那厚厚的兽皮袄啊！

还是这身柔软厚重的毛最好！

一提到极地动物，你最先想起来的是什么？

"北极熊！"

没错！北极熊之所以能在寒冷的北极地区自由自在地生活，靠的就是它那一身厚重的毛。北极熊的毛是由里外两层结构组成的。长约5厘米的里层毛，短而密；外层的长毛也很厚实，又是北极熊绝佳的防水服。还有更神奇的呢！那身外层长毛，是像吸管一样中空的。

"啊？！这不就等于说，它的身上插满了吸管？"

倒是可以这么形容。它的防寒秘诀就藏在这里。它那中空的部分能牢牢抓住暖空气。一旦北极熊的身体被海水淋湿了，里外两层的长短毛，就会互相紧密地粘在一起，决不让冰凉的海水触碰到北极熊的皮肤。真是真正令人叫绝的天然防水层啊！

感到惊奇吧？所以呀，我们大可不必担心北极熊会冻死。

极地，是指以南北两极为中心的及其周边的地域。那里覆盖着厚厚的冰雪，几乎一年四季都不会融化，所以这里的气温极低，非常寒冷。
防水，是指防止水对某一物体的浸湿。

长毛
短毛
皮肤
脂肪层

还是厚厚的脂肪层最好！

在极地，还有很多的动物不像北极熊那样长着一身厚重的毛。那么，这些动物们又是怎样抵御严寒的呢？

比如，在极地生活的海豹和海象，在它们的身上根本看不到北极熊那样的一身厚重的毛。那它们究竟凭什么在冰冷的海水中自由自在地游泳觅食呢？秘密就在它们的皮肤下面长有厚厚的脂肪层！

就连海豹的幼崽们都长有20多厘米厚的脂肪层！这些脂肪层，就如同我们穿了许多层毛衣毛裤，具有绝佳的保温效果。

这些厚厚的脂肪层，不仅能起到防寒保暖的作用，而且在长时间找不到食物来充饥的情况下，它可以及时地转化为营养和热量。

怎么样？要想在极地这样恶劣的气候中生存，厚厚的脂肪层是不是必备啊？

团结就是力量

帝企鹅们一旦到了产蛋季节，就会从四面八方纷纷涌向聚居地。它们一心向着聚居地方向，有的一扭一扭、有的蹦蹦跳跳、有的滑倒又重新站起来……在被它们那滑稽的样子逗得前仰后合的同时，我们又被它们那执着前行的举动而感动！

帝企鹅们就是在聚居地里寻觅自己的配偶并产下企鹅蛋的，这个时期对它们来说是非常重要的。

"喂，喂，老公啊！请一定要把我们的宝贝儿接好哟！"

雌性企鹅必须把蛋下在雄企鹅的脚蹼上面。不然的话，企鹅蛋一旦滚落到地面上或长时间没有被及时地呵护，在如此寒冷的气温下，不久就会被冻裂的。

"耶！我们成功了！"

嗨，这可真是太幸运了！

雌性企鹅产下蛋后，就会马上游回大海里去觅食。因为在聚居地是根本找不到食物的，所以雄性企鹅不管怎么饥肠辘辘

聚居地，是帝企鹅们在此聚集在一起产蛋，并负责把它孵化出来的集体性的繁殖地。

也只好忍饥挨饿地守护着宝宝。

当雌性企鹅产下蛋离去后，在长达4个月时间里，雄性企鹅会一动不动、不吃不喝地用自己下垂的肚皮，一直守护着这枚蛋，直到把蛋完全孵化出来为止。

此时，聚居地的寒风依然凛冽，严寒随时都有可能夺去这些孵蛋的雄性企鹅们的生命，所以它们往往拥挤在一起，彼此互相用身体取暖来抵御严寒。这时，如果哪几只企鹅一直在外围的话，不久就会因体温下降过快而被冻死。所以聪明的雄性企鹅们想出了轮流在外围抵御严寒的好办法。我们把这种现象叫"围栏效应"。怎么样？这样的妙招，是不是挺让人佩服的呀？

极地的动物们都会用如此有个性的妙招来抵御严寒，那生活在其他地方的动物们又会怎样呢？

"冬天实在是太冷了，只好躲起来了！"

没错，它们选择了冬眠。常见的冬眠动物有：熊、青蛙、泥鳅、松鼠，还有蛇等。

冬天，熊躲进岩洞里呼呼睡大觉；青蛙则躲在岩石或落叶层下面冬眠；泥鳅鱼和蛇，就会钻进潮湿的泥土里美美地睡上一冬天；伶俐的松鼠会待在树洞里蒙头大睡。就这样，直到来年春姑娘来唤醒它们！

冬眠，是指某些动物们为了克服在寒冷的冬季里缺少食物的困难，而选择的一种暂时停止活动，并不进食地进入较长时间睡眠期的行为。这也是动物们在长期进化过程中形成的行之有效的、顺利度过严寒冬季的绝妙办法。

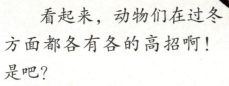

看起来，动物们在过冬
方面都各有各的高招啊！
是吧？

好了，我们在严寒地区里
已经冻得都瑟瑟发抖了。现在，
我们去温度高一点的地区吧！

"太好了！"

那我们就出发吧！

北极为什么要比南极更暖和呢？

北极地区的平均气温在−40～−35℃；但南极地区的平均气温却一直保持在−55℃。

南极地区比北极地区更加寒冷，是因为北极地区所处的是广阔的海域而不是陆地。在南极大陆，常年覆盖的冰雪会把阳光反射出去；而北极地区的海洋则起着把热量吸收进来并储藏的作用。

企鹅的脚板难道就不感觉凉吗？

企鹅们的身上因为有厚厚的皮外衣，所以它们的抗寒能力是很强的。但就有一处是这件皮大衣没有包裹住的，这就是它们裸露在外的脚。那么，企鹅们长年累月地裸露着脚站在冰面上，这样下去会不会冻伤啊？

企鹅们的脚板上长有叫作"神奇网络"的特殊的血管系统。这个神奇网络里有无数根毛细血管束。从心脏输送而来温暖的动脉血液，当经过这个神奇网络之后，会适当降温变凉。而从脚尖部输送上来的静脉血液，这时又会适当变热。所以说，虽然企鹅们的脚板温度要比体温稍低一些，但也能足以保障不被冻伤。

极地动物们的血液为什么不会被冻结？

我们都知道，水的结冰点是零度以下。那么，像水一样都处于液体状态的极地动物们的血液和体液，为什么不会被冻结呢？这是因为，它们的体内存在一种不会让血液和体液冻结的，叫作"防冻蛋白质"的东西在起作用。

极地地区也会有夏季吗？

极地地区当然也有气温能达到零上的夏季了。不过，只有不分黑夜与白昼的、很微弱的阳光持续不断地照射进来。每当夏季来临的时候，极地的很多植物非常集中地争相快速生长，这又引起了以植物为主要食物来源的食草动物们的数量猛增现象。这时的绝大多数极地动物们不停地进行捕猎，以此来在短期内尽可能多地摄取高蛋白食物，大量积累体内营养。这些被大量积累下来的营养成分，将会让它们安全顺利地过冬。

真热啊！在沙漠生活的动物们

热啊，热，这里真的好热啊……

在炎热的夏季，我们总爱在户外不知疲倦地疯玩儿，会把自己弄得汗流浃背、口渴难耐的，我们的皮肤也会被强烈的紫外线照射得变成了紫红色。

"我口渴得快不行了！"

当我们实在耐不住口渴了，就要快步流星地跑回家，打开冰箱门拿出冰水咕嘟咕嘟地喝上几口！幸亏，我国的夏季还不算很长。如果，让我在一年四季都十分炎热的地区生活……哎哟，那我可就太遭罪了。

但你知道吗？有很多人居然还生活在比这里还要热的地方呢！这就是居住在沙漠地区的人们。

他们生活地方的温度要比我国夏季最炎热时的气温还要高出很多，那么，在如此炎热干燥的地方，他们又是怎样生活的呢？

是因为他们天生就比我们有着超强的忍耐力，所以对他们来说，这样的高温酷暑根本就不值一提吗？还是他们的身上有什么可以战胜炎热的秘密武器呢？其实，只要我们先去了解一下沙漠气候的特征，就很容易揭开这个谜底了！

干燥，是指因长年风干炎热，造成水分大量流失的现象。
气候，是指某一地区长年累月显示出的一般天气状态。

因为沙漠地区一年四季几乎不下雨，再加上黑夜与白昼的温差非常大，所以气候非常干燥。这里的白天气温高得让人都喘不过来气，但一到夜间，气温又会下降，让人冻得瑟瑟发抖。

　　温差如此之大的原因是什么呢？就是因为这里的天空没有云彩！没有了云彩，白天就无法遮挡太阳的强光直射；而夜间又无法把从地表上散发出去的热量给罩住。

　　但在地球上，绝非每个沙漠地区都是这样的，也有寒冷的沙漠地区。所以说，随着沙漠处在不同地区，其沙漠地区的气候也会不同。

　　"沙漠里肯定全都是沙子！"

你可不要乱说啊！实际上，由岩石和小石子形成的沙漠，远比由沙子形成的沙漠要多出很多。其实，由沙子形成的沙漠，原先也是由岩石和小石子形成的沙漠。随着漫长岁月的流逝，在强烈的风化作用下，那些岩石逐渐被粉碎成小石子，那些小石子又渐渐被粉碎成了小沙粒。

　　不管怎样，在如此干旱的不毛之地上，竟然也有祖祖辈辈繁衍生息地生活在这里的人们。他们的身上穿着用又宽又长的白布条层层围裹、宽松的衣服。只露出一双眼睛，就连整个脸部也都是蒙着的。这是为了抵御白天的酷热和夜间的寒冷，还要遮挡强风裹挟的漫天风沙的侵袭。

最适合在沙漠地区生存的骆驼

一提到沙漠，你最先想起来的动物是什么呢？

"骆驼！"

我也会这样回答的！那么，就让我们去了解一下骆驼这种动物吧！

骆驼的身体器官，进化得最适合于在沙漠里生存。它长有令人羡慕的、长长的眼睫毛，耳朵里也长着许多毛，这些都能为它遮住风沙；它那身厚厚的皮毛，又能为它遮挡火辣辣的阳光；还有它那长长的腿，也很好地起着把从地面上散发的滚滚热浪与自己的身体隔开的作用；还有它的牙齿，也很适合咀嚼那些在沙漠中生长的带刺植物。

它的身上还有很多的优点呢！比如，它还长着能自由开启和关闭的鼻翼，当沙漠风暴来临的时候，它就会把鼻翼紧紧地关闭起来，不让沙子吹进自己的鼻子和气管里造

成伤害。怎么样？很奇特吧！

　　但骆驼最令人叫绝的武器还不是这些，而是它背上的那两个叫驼峰的大包。你知道这两个大包里有什么吗？那里装的是两个大大的脂肪块儿。骆驼仅仅靠着这两个脂肪块儿，在干旱缺水的沙漠里一连两周没有水喝也不会有任何问题。还有更神奇的是，即使一个月不吃任何食物，它也能存活！原来，骆驼在饥渴难耐的时候，就会把驼峰里的脂肪块儿转化成能量来维持自己的生命。这样看来，你是不是觉得沙漠才是真正的骆驼乐园呢？

我喜欢凉爽的夜晚！

在沙漠里生存的动物中，绝大部分是夜间出来活动的夜行性动物。

"到晚上了，快点出来吧！"

每当炎热的太阳西落下山的时候，喜欢漆黑夜色的夜行动物们，纷纷从地下的洞穴或石岩的洞穴里走出来，开始了新一天的活动。它们总是滴溜溜地转动着眼球，时刻提防来自天敌们的威胁，四处寻找着食物。

在夜行性动物中，沙漠猫是比较具有代表性的。它的毛色很接近沙子的颜色，它又是只在夜色的掩护下行动，所以很难被捕食者们发现。

另外，它的脚掌上还长有厚厚的毛，所以能在沙漠中行走自如，而且不

夜行性，是指在白天休息，只有晚上才出来活动的某些动物们特有的生活习性。

沙漠猫

会被滚烫的地面所伤。

　　猫头鹰是夜间捕猎的高手。它有一双非常明亮的眼睛和非常灵敏的耳朵，所以能轻而易举地在夜间捕食。真可谓捕猎高手中的佼佼者。它既然有这等本领，又何必要在炎热的白天出来捕猎呢？

　　在白天，地鼠们也是老老实实地躲进自己的地穴之中，以躲避滚滚热浪的折磨。而到了凉爽的夜间，它们才开始纷纷出洞，去四处寻找食物。地鼠的主要食物有各类植物的种子和叶子，但它们从来不另外去找水喝。因为，它们完全可以从这些食物中吸收足够的所需水分。这些地鼠们还有一个令人叫绝的特异功能，那就是它们可以用鼻子在呼吸过程中，直接从空气中过滤出水分，把它变成一滴滴水珠，然后再从容地吸收进自己的体内。

地鼠

33

白天的这点儿热度，根本不算什么!

你知道，沙漠里的白天温度究竟有多高吗？炙热的沙子足可以把你的脚烫伤，还可以把鸡蛋煮熟。但就是这么热的白天，还有很多动物在活动呢。

其中，地松鼠是很具有代表性的动物，它们可以用比较特别的方法来战胜这种酷热。它们把自己那毛茸茸的大尾巴高高翘起，在自己的头顶上形成像一把遮阳伞似的凉棚，给自己遮挡着阳光。可别小看了这一举动，它可以使地松鼠的体感温度下降5℃呢！是不是很了不起啊？

美洲毒蜥蜴也是在白天进行捕食的动物。蜥蜴是一种变温动物，只有在比较高的体温状态下才能活跃起来。所以在比较凉爽的上午，它们只是懒洋洋地趴在沙滩上晒着阳光吸收热量，直到体温升到一定程度后，它们才会开始进行捕猎。

体感温度，是指我们的身体所能感受得到的冷热感觉，并以数字的形式表现出来温度。即便实际温度是20℃，但如果刮起强风，我们的体感温度也会感觉比较低的。

变温动物又称"冷血动物"，因为它们不具备自行调解自身体温的生理功能，所以它们的体温会随着周围的环境温度而变化。属于这类动物的有蜥蜴、青蛙等。

但当阳光暴晒地面的时候，这些蜥蜴们也会躲进阴凉地方的。不然的话，会因体温过高而死去。属于变温动物的蜥蜴们，就是这样通过在温暖地方和阴凉的地方之间来回走动的方法来调节自己体温的。

"白天我可以躲在阴凉的地方，不就解决问题了吗？"

蜥蜴们很聪明吧！

水，水，水，很需要水啊！

跟以各不相同的方式去适应环境一样，动物们的取水方式也各有妙招。下面我要给你讲讲，在干燥的沙漠里生存的动物们是怎样取水的。

沙漠地区因降雨量非常少，所以在这里生存的动物们，就必须想尽一切办法去解决取水困难的问题。其中，鸟类们的取水方式要比其他动物们的取水方式简单容易一些。因为，它们可以直接飞到有水的地方。

据说，雄性沙漠野鸡为了给自己的雏鸟们喂水，它会飞到离巢穴40多千米远的池塘，然后一头扎进池塘之中，把自己的整个羽毛全都浸湿，之后又急匆匆地飞回巢穴，这时那些雏鸟们就会迫不及待地围过去，啄吮它们爸爸身上那湿漉漉的羽毛索取水分。

不管怎样，动物和人类的父母们就是这样伟大！

　　蓝刺蜥蜴的取水方式也像沙漠野鸡一样很有个性。蓝刺蜥蜴的身上长满了尖尖的刺，而这些蓝刺之间，又有很多的小孔。蓝刺蜥蜴就是利用这些小孔来吸取水分的。挺神奇的吧？

　　另外，胡狼不必四处去寻找水喝，因为它们可以通过捕食其他动物，来吸取被捕食者血液之中的水分。

　　关于炙热沙漠的故事就讲到这里吧！

　　下面我要带你去看看，有喧嚣沸腾的动物们密集居住，还有很多昆虫们嗡嗡乱飞的热带雨林。

在撒哈拉地区的人们是怎样生活的呢？

　　撒哈拉沙漠是在地球上面积最大的沙漠。这里白天的炙热，简直可以把一切都能烤熟；而到了夜间，气温会急剧下降，让我们冷得瑟瑟发抖。生活在生存环境如此恶劣的撒哈拉沙漠地区的人们，居然还能畜养许多的骆驼和羊等家畜，过着定期迁移的游牧生活。还有一部分人，专职从事着给来这里旅游或探险的客人们当导游的工作，还专门给他们提供这里的主要交通工具——骆驼。

世上最干燥的沙漠在哪里呢？

　　占陆地面积多达1/4的沙漠地区，常年不仅被强光暴晒，而且几乎见不到一滴雨点，所以这里的沙土都很干燥松软。

　　在众多的沙漠之中，位于智利的阿塔卡玛沙漠是地球上最干燥的沙漠。阿塔卡玛沙漠是由盐和沙子还有小石子构成的。据说，这个地区已有约2000万年没下过雨了。

沙漠地区的沙丘是怎么形成的呢？

沙漠里的沙丘堪称一幅幅美景。大小不一的沙浪线条弯弯曲曲地分布着，神秘多彩。这些沙丘是由小沙粒在乘风而舞的过程中，随着风力的逐渐转弱而落下来，经过漫长岁月的堆积而成的。某一地区沙丘的模样大小，要根据这一地区常年的风向和风的强弱而确定。

美洲毒蜥蜴是怎样捕食的呢？

藏有剧毒的蜥蜴，只有墨西哥毒蜥蜴和美洲毒蜥蜴这两种。美洲毒蜥蜴是利用口中可以分叉的长舌头来感知味道并探寻食物的。别看它平时动作迟缓，但一旦发现了猎物，它的动作可一点儿也不比其他猎食动物慢，它会迅速追上前去，一口把猎物牢牢地咬住。然后，再从下颌的毒腺中释放出毒液，这时猎物们通常都会很快被毒晕。这样，处在麻木状态下的猎物们就成了它的盘中美餐了。

轰隆隆，叽叽喳喳！在热带雨林生活的动物们

　　位于赤道附近的热带雨林地区，气候四季温暖，这里几乎每天都在下雨。热带，是指温暖的意思；而雨林，则是指处在雨季的森林的意思。所以，我们可以想象这里的水量该有多么充沛！因为这里的湿度太大，到处都是一片湿漉漉的景象。是不是和沙漠地区截然相反的景象呢？正

　　因为有了温暖的气候和充沛的水量，所以这里的树木和草丛长势非常旺盛，个个都长得枝繁叶茂。

　　热带雨林又叫丛林。就是电影《丛林历险记》里出现的那种非常茂密的丛林。你看过这部电影吧？这部电影故事的取景地就是热带雨林。

　　在热带雨林中繁衍生息的生物种类非常多。这里的动植物种类占全球生物种类的一半以上。一句话来概括，那就是这里终日喧嚣沸腾！

在热带雨林中生活的动物虽然非常多，但在这里却很少有人类定居。这是因为，这个地区过于闷热，而且还经常下雨，树木过于茂密，根本没有可以耕种的农耕地等原因。

你听说过叫俾格米的民族吗？他们的平均身高都只有120～150厘米。据说，"俾格米"的意思就是矮个子。

俾格米族人就是生活在热带雨林地区的。你会担心他们因为个子过于矮小而够不到树上的果子吧？你的这个担心显然是多余的。在这方面，他们的这种矮个子反而是个优势。比如，因为个子矮小，所以能在茂密的丛林中自由快速穿梭；又因为个子小、体重轻，能够轻巧灵便地攀爬树木；还因个子矮小，可以很好地躲避猛兽的视线等。无论怎样，他们的体貌特征是最适合于在热带雨林地区生活的。

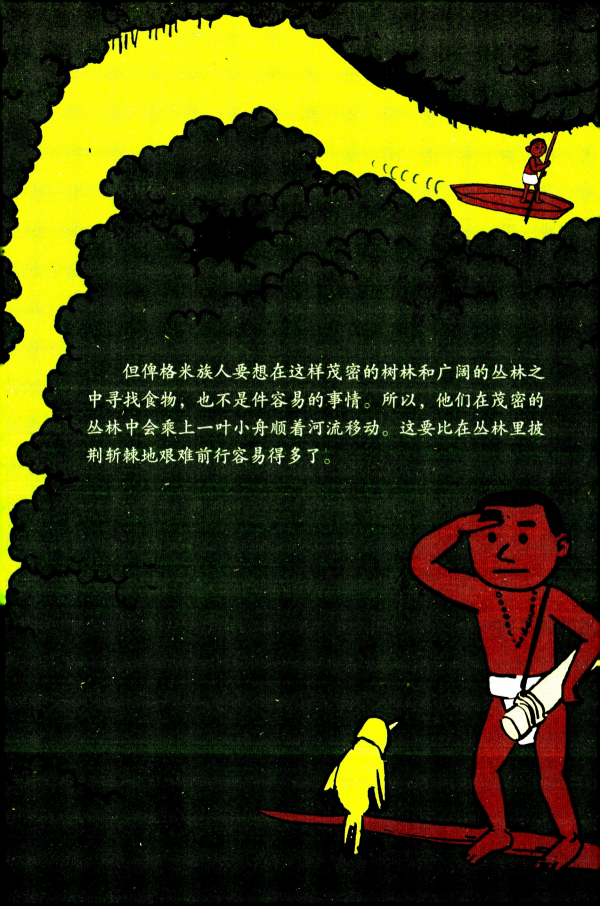

　　但俾格米族人要想在这样茂密的树林和广阔的丛林之中寻找食物，也不是件容易的事情。所以，他们在茂密的丛林中会乘上一叶小舟顺着河流移动。这要比在丛林里披荆斩棘地艰难前行容易得多了。

在树枝上摇摇摆摆地悬挂前行

　　动物们是怎样在茂密的丛林里行走的呢？它们的移动速度应该很快，那样才能采食到食物，还能很好地躲避捕食者们的攻击呀！在热带雨林里，因为树木生长得过于茂盛，很难见到天空。在这种环境条件下，有很多的动物们都放弃了陆地，而选择了在树上生活。

　　在热带雨林里，最常见的是长着长臂的动物。只有这样才能摇摇摆摆地悬挂在树上啊！大猩猩就是其中之一。

　　它们的臂膀究竟有多长呢？它们展开双臂时的长度一般要超过两米，如果是直立的话，它们的手掌都能耷拉到地面。大猩猩就是利用长臂和强有力的手指，悬挂在树枝或藤蔓上面，时而迅速移动，时而采果进食。每当它们在快速移动时，双手会交替使用，其速度之快犹如在树与树之间飞一样。它还会经常去攀爬高耸的树木，在攀爬时它会手脚并用，攀爬的速度之快令人瞠目结舌。怎么样？我们给它一个"攀爬高手"的美誉也不会太过分吧？

用脚趾甲抠住，用尾巴拴住！

　　还有很多的动物，不像大猩猩那样，只会用长臂来悬挂在树枝上。有的动物还会用尾巴来拴住树枝，还有的动物用脚趾甲来抠住树干进行攀爬或悬挂。

　　棕尾猴就是一个很会利用尾巴的动物。它们在树之间移动的时候，就先用尾巴拴住这边的树枝，然后像荡秋千一样，使自己的身体悠荡到另一根树枝上面去。它们还经常用尾巴来代替手脚去采食呢！

　　动作非常迟缓的树懒，长有长长
的而且非常锋利的脚趾甲。它那长
长的脚趾甲长得像钩子一样，所以非
常适合在树上攀爬。树懒经常用这副
钩子牢牢地钩住树干，长时间地倒着悬
挂在树枝上，它们也不嫌累，它们靠的是自己
强有力的臂膀和腿。它们有时保持着这种姿势，
居然还能美美地睡上一觉呢！

　　大猩猩、棕尾猴、树懒等动物们，虽然
攀爬树枝的方法都各不相同，但它们的
确都是攀爬树枝的高手！

你能找到我吗？

　　在热带雨林里，动物们的生存空间是非常拥挤的。这里有无数种类的昆虫、凶神恶煞般的鳄鱼、一有风吹草动就会吱吱乱叫惊恐万状的猴子、无时无刻地炫耀着自己那身五彩斑斓的羽毛的各种鸟类、吱溜溜地到处乱窜的老鼠们，还有树懒、变色龙、大猩猩、长鼻浣熊……

保护色，是指为了使自己的身体或行踪不被其他动物发现，而把自己身上的颜色随时转换成与周边环境相似的颜色。在这方面具有代表性的动物有变色龙和青蛙。它们就很好地利用了保护色，来躲避天敌们的攻击，同时也大大提高了自身的捕食效率。

　　如此众多的动物拥挤在一起生活，这就造成了随时都有可能被捕食的危险环境。

　　于是，动物们各自都想出了能保护自身安全的应对高招。一旦遇到危险，有的采取了头也不回地径直往前迅速奔跑的策略，有的则采用迅速就近躲藏的办法。

　　变色龙采取了把自己身上的颜色转换成与周围环境颜色相似，从而不被捕食者们发现的方法。

　　保护色，既能起到躲避天敌的作用，也能提高自身的捕食效率。

天敌，是指在捕食与被捕食的生存关系中的那个捕食者。比如，蚜虫们的天敌就是七星瓢虫。

这样你还敢吃我吗？

在自然界中，有的动物们遇到天敌的时候，会把自己身上的颜色变得十分艳丽乍眼，以此来显示出自己是有毒的；还有的动物们会把自己身上最容易受到攻击的部位缩进坚硬的外壳之中。

箭毒蛙在遇到天敌的时候，会毫不示弱地直接对天敌亮出自己身上那身艳丽的有毒肤色，以示对天敌的威胁和警告。如果这招还不足以使天敌望而生畏地退却的话，它就会从皮肤的黏膜中释放出含有剧毒的毒液来保护自己。箭毒蛙的毒性非常大。所以，一般的天敌都会对它敬而远之。箭毒蛙的这种剧毒性，被热带雨林的土著人利用了。他们把从箭毒蛙的身上取下的毒液抹在箭头上去捕猎。

我是穿着铠甲的哟！

乌龟、犰狳、穿山甲等动物们，也都有一套保护自己的绝招。

乌龟遇到危险时，就会把自己的四肢和头都缩进坚硬的背壳里；犰狳如果遇到危险的话，就会把像铠甲一样的外皮迅速卷起来，这样就等于把自己最软弱的部位给护住了。穿山甲也一样，它也会用自己身上那坚硬而厚重的鳞片护住整个身体。

"我成了一个球儿！"

这样一来，再凶猛的捕食者也被弄得无从下口，拿它们一点办法都没有了，只好悻悻离去。

穿山甲的身上覆盖着一层坚硬而厚重的鳞片。当它遇到危险时，就会迅速把自己卷起来，缩成一个球状。它的这些鳞片就像盾牌一样很好地起到了保护作用，时常令捕食者束手无策。

箭毒蛙的毒性究竟有多强？

箭毒蛙要是预感到有危险，就会从皮肤中释放出毒液来。居住在热带雨林的土著人，在打猎或战斗过程中，把从这种青蛙身上取下来的毒液抹在箭头上，用来捕猎或射向敌人。箭毒蛙的名字就是因此而来的。箭毒蛙的毒性是致命的。这下，你知道为什么土著人喜欢把它涂抹在箭头了吧？

亚马孙·热带雨林的生态环境为什么正在被破坏？

亚马孙热带雨林，被人们誉为"地球之肺"，而且它占了全球热带雨林面积的一半以上。世界排名第一的亚马孙河，横穿于亚马孙热带雨林之中，在两岸郁郁葱葱的原始森林里生活着无数的动物。但近年来，随着亚马孙地区城镇化的加速推进，常住人口也随之剧增，紧接着这一地区的原始环境和面貌正在被我们无知的人类快速地、无情地破坏和摧残。人们无视自然规律地大量砍伐树木，使动物们无家可归；人们把原本就稀少的濒危动物肆意贩卖和宰杀，使它们妻离子散。这是多么令人心痛的事情啊！

热带雨林究竟有多么茂盛？

　　热带雨林里的各种植物非常茂盛，就连一滴雨水要想从树枝的顶端落到地面，也得花上十分钟。

　　从下面的图画中，我们可以清晰地看到热带雨林那茂密的森林是由4个层次组成的。

最底层 是指铺满落叶的地面。因为上面的树枝过于茂密，这里已经很难再见到阳光了。因此，这一层的所有植物都无法茁壮成长。

下　层 这里是个子比较矮的植物生长的层面。主要以蔓藤植物为主。

华盖层 是植物非常茂盛的层面。这一层的光照也很充裕。

最顶层 是一些高个子树木们直接越过华盖层，争先恐后地生长的层面。

最顶层

华盖层

下层

最底层

栖息地，是指动物或植物们赖以生存的地方。

快跑啊！在草原上生活的动物们

在我们的地球中有很多种类的栖息地。其中，有一种**栖息地**是因降雨量不算大、气温也不够高，所以虽然对树木的生长不利，但对草的生长却是非常有利的平原，我们叫它大草原。

这样的大草原分布在世界各地。我们亚洲也有，非洲、欧洲和北美洲也都有。其中，被夹在热带雨林地区和沙漠地区中间的大草原，我们就叫它"热带草原"。

　　热带草原的气候因旱季和雨季这两大非常分明的气候特点而著名的。在热带草原的旱季，会一连持续几个月滴雨不下；但一旦到了雨季，降雨带分布得又那么不规则。在旱季里，这一地区普遍缺水，十分干旱，所以口渴难耐的动物们，常常为争得一块仅存的水塘而大动干戈。

　　热带草原就是以旱季和雨季这样分明的气候特点，对在此地赖以生存的万物生灵带来了巨大的影响。

这里还生活着已经完全能很好地适应热带草原气候的一群人，他们就是以牧牛为生的马赛族人。

　　马赛人根本不需要节食减肥。因为他们的身材体型都很修长，身手敏捷。尤其是他们的弹跳力非常惊人。

　　所以，如果他们之中的佼佼者参加奥运会的跳高、跳远之类的体育赛事的话，肯定能拿到奖牌。

　　马赛人在灵活运用现有环境资源方面，也显示出了他们超人的智慧。

热带草原里成群结队的牛，每天排出的牛粪漫山遍野。聪明的马赛族人们就充分有效地利用了牛粪这一资源。比如，在盖房子或砌墙的时候，会往事先做好的木栅栏上糊已经和好的牛粪。原来，他们这样建成的墙面，不仅有很好的遮风挡雨作用，还能调节屋内湿度，让屋内不生虫子！此外，他们还会用牛粪来生火做饭、烧开水，遇到寒冷的天气他们就用燃烧牛粪来取暖呢！

怎么样？亲近大自然吧？马赛族的人们在循环使用既环保又清洁的能源方面，已经是走在了人类的前列啊！

湿度，是指在空气中的水蒸气含量。就是说，水蒸气的含量越高，湿度就越大，周围环境就会变得越潮湿；水蒸气含量越低，湿度就越小，意味着周围的气候环境就越干燥。

在热带草原里生活着多种多样的食草动物。哎哟，你连什么是食草动物都不懂啊？就是指那些专门以啃食树叶、野果、草和草籽、花和花果等植物为生的动物。

我们在电影、电视或在书本里能经常见低头啃草的鹿和牛，还有抬头啃食树顶端嫩叶的长颈鹿和奔跑速度飞快的斑马们的形象。想起来了吗？它们看似优哉游哉地在那里埋头吃草，实际上它们需要没日没夜地整天不停地吃草才行。因为，草中含有的营养成分实在是太低了，所以就需要大量地采食才能保障足够的能量。

而且，草是那样的坚韧难啃……所以，食草动物们的臼齿都很宽厚，也很发达。就像碾米的磨盘一样坚硬，足以把草和树叶之类的植物碾成粉末后吞咽。

但这些草实在是太坚韧了，所以根本无法一次性地

58

把它们消化掉，所以这些食草动物们还要把吃掉的草吐到嘴里，再次咀嚼之后咽下去。不久，还要反复地再进行吐出、咀嚼和吞咽的过程……就这样，如此反复地需要进行好多次才能完全消化吸收。这样进食的动物有牛、羊、鹿、长颈鹿、狍子等。它们这样的进食方式，我们就叫它反刍现象。那什么又是饲草呢？饲草就是喂养马、牛、羊等动物吃的草料。

"快吃，快吃，多吃点儿！"

当你看到在草原上正慢悠悠地吃草的牛时，可千万不要这样催促它们呀！因为，它们把在安全地带匆匆吃进去的草料正在反刍到嘴里，进行再次咀嚼呢！

高个子的树，我全都包了！

在所有哺乳动物中，个子长得最高的就要数长颈鹿了，它们通常都能超过5米。尤其是它那超长的脖子，给它带来了令其他动物望尘莫及的诸多好处。

"高个子的树，我已经全都包了！"

就这样，长颈鹿充分利用了自己的身高优势，可以吃到其他动物们根本无法吃到的长在树顶端的嫩树叶。不仅如此，由于它有身高优势，离很远就能看到向自己逼近的食肉动物，早早地安全转移了。

但是，长颈鹿的脖子并不是一开始就那么长的，是在取食过程中，它们总想吃到最嫩的树叶而抻长了脖子去够，这是在漫长岁月中不断进化的结果。

在长颈鹿身上还有一个奇特的器官，那就是它的又长又粗糙的舌头。据说，它的舌头伸出来足足有50厘米长呢！它可以利用这又长又粗糙的舌头，吃掉许多带刺的树叶呢！

进化，是指动物们在历经无数代的繁衍生息过程中，不断向有利于自己的生存方向演变的过程。

我们是热带草原上的酷哥靓妹！

　　斑马是热带草原中最常见的一种食草动物。一提到斑马，我们首先想到的是它们身上那漂亮的斑纹，对吧！

　　你说得对！斑马最大的特点就是它们身上的斑纹。那你又是否知道每匹斑马身上的斑纹是不一样的吗？就像我们人类的指纹一样，斑马身上那眼花缭乱的斑纹也没有一模一样的。

　　你不信？那你可以到动物园去好好验证一下，眼见为实！

指纹，就是我们手指尖靠掌心内侧长的、细细的纹路。

但斑马身上的那些斑纹可不是为了华丽的装饰，而是为了扰乱捕食者们的视线！也许你会说，既然有黑白分明的斑纹，不就更好辨认了吗？其实不然！

绝大部分的动物都是色盲。在它们的眼里，整个世界都是以黑白两色组成的。所以，在凶猛的捕食者狮子和猎豹们的眼里，斑马的那身看起来令人感到眼花缭乱的斑纹，该有多么恍惚难辨啊！尤其是斑马们聚集在一起或群起而奔跑的时候，那些食肉动物们就更难选择或瞄准自己要进行攻击的捕猎目标了。这也是斑马们为什么要选择群居生活的主要原因之一。

能时刻在一起，就是幸福的！

在热带草原里，大多数动物们都过着群居的生活。那么，这种群居生活会给它们带来哪些好处呢？

角马们就是很好地利用群居生活而起到相互提醒、发出警报作用的动物。那它们又是怎样互相照应的呢？因为它们能够抵御捕食者们的唯一方法就是快速奔跑、及时躲避，致使那些肉食者们的围追堵截计划落空。

"喂——全体注意啦！有狮子向我们靠近了！"

如果群居在一起的是10匹角马，那么就会有20只眼睛；如果是100匹一群的情况下呢？那就等于有了200只眼睛在巡视警戒！

　　这样看来，有伙伴们互相照应的群居生活，是不是要比过独来独往的独居生活更好、更安全呢？

　　但奇怪的是，角马们还要和斑马们经常混居在一起。你会问，它们可都是食草动物啊！它们之间会不会因为争食而相互打斗呢？别担心，绝对不会的！因为，它们之间所采食的草种是不一样的，虽然都聚在一起，但都各吃各的草，所以就有效地避免了争斗。相反，它们之间还有互补的作用呢。嗅觉极其灵敏的角马和视觉极其发达的斑马在一起，互相提醒、相互照应，那些居心叵测的捕食者们还能那么轻易得逞吗？

循环往复的大自然生态系统

食草动物必然会成为肉食动物们的盘中餐，这是谁也不可违背的自然法则。只有这样，才能保证食物链的连续性，才能维持自然界的生态平衡。你问，什么叫食物链？什么又叫生态系统？好吧，那下面就让我给你讲讲，关于生态系统的故事吧。

地球上的万物生灵都是相互作用、相互影响的。在大自然中，就这样相互之间产生了循环往复地所起的作用，才形成了庞大的、互相交织的生态系统。

植物们需要吸收阳光和空气以及水才能生长；而动物们则需要采食这些植物才能生存；霉菌和各种细菌们又要吃掉动植物的尸体残骸，并把它们有效地分解之后，再送回土壤之中。这时，那些植物们又会重新扎根于肥沃的土壤之中，生根发芽……

大自然的生态系统就是这样不断地循环往复、周而复始的。所以说，哪怕是其中的一个不起眼的小环节一旦出了问题，也会直接影响到整个生态系统的正常循环和稳定。

怎么，你不相信？举个例子，某一地区的空气、土壤或水等某一个基础环节，假设受到了严重的污染，那么这一片地区的所有植物就会无法生长；如果这一片地区的植

食肉动物，是指那些以专吃肉食的动物。绝大部分的食肉动物们都长有锋利的爪子和坚硬的牙齿。
食物链，是指在生物之间捕食和被捕食的关系。它们之间的这种关系像一个链条一样，环环相扣。

物都枯死了，那这一地区中以植物为食的食草动物们就无法生存了；你再想想，如果这些食草动物都饿死了，那以捕食食草动物为生的食肉动物们又怎么能活得下去呢？

植物们向食草动物提供营养丰富的食物。

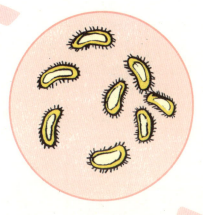

霉菌等各种菌类又会分解动物们的尸体，便于其他生物再度利用。

食草动物们以各种植物为食。

肉食动物们又以捕食食草动物为生。

　　植物们都能给自己制造并提供养分。但动物们却只能靠采食或捕食方法，来为自己提供热能。

　　我们把能自己制造养分的植物叫作生产者；以其他生物为食的动物称之为消费者；又把那些能够对动物尸体进行分解的霉菌等各种菌类，叫作分解者；还有，我们把采食植物的动物叫作食草动物；把那些以捕食食草动物的动物，称作食肉动物。我们又把捕食与被捕食的这种关系叫作食物链。

　　在野外的草地上，一只蝗虫正埋头啃食着鲜嫩的草

叶，没想到在它的背后，有一只青蛙瞬间吐出长长的舌头，一口把它吃掉了。这时有一条蛇悄悄地爬过来，一口又把青蛙给吞进了自己的肚子里。

在黄金般的麦浪随风摇动的稻田地里，有一只老鼠正美美地偷吃饱满的麦穗，这时有一条蛇用它那锋利的毒牙，突然在老鼠的背上狠狠地咬了一口。在这条蛇正想慢慢享用这顿美餐之际，突然从天空中飞来一只凶猛的老鹰，以迅雷不及掩耳之势，把这条蛇给叼走了。

这样环环相扣的食物关系，就是食物链。

如果我们把相当于这条食物链数量，量化成一张图的话，会是什么样子呢？

"四方形！"

"不对，应该是个圆形！"

你们的回答全错了！应该是下宽上窄的金字塔形！所以又叫作食物链金字塔。

来，请仔细看。处在三级消费者地位的老鹰，需要吃掉比自己数量多的，处在二级消费者地位的动物；那么处在二级消费者地位的麻雀和蛇，又需要捕食比自己数量更多的、处在一级消费者地位的动物；处在一级消费者地位的蝗虫或蝴蝶，又会去采食比自己种群数量更庞大的植物。在此，我们可以得出这样一个结论：只有从底层的数量庞大的生产者开始，随着消费者的食物级别越来越高，其种群数量就越来越少的三角形食物金字塔，才是最稳定可靠的食物链。

我们可以试想一下，如果食物链金字塔，变成上宽下窄的倒三角形，会是什么结果呢？很多的老鹰们会争相把麻雀和蛇吃光，而造成麻雀和蛇这一种群的灭绝，进而这些老鹰们也会因食物的急剧缺乏，最终也难逃厄运，走向灭绝之路！

不敢想象，如果真的有一天地球上只剩下人类了，该是何等凄凉。

食物链金字塔，是指可以随着食物链级别的升级，以金字塔形式显示出其数量或分布布局的关联图表。

灭绝，是指某一种生物的种群在地球上彻底地永远消失的现象。

食物链金字塔

三级消费者

二级消费者

一级消费者

生产者

然而，生物种类灭绝的现象，是我们人类必须面对和不得不接受的残酷现实。因为，万物生灵居住的地球，在不断地发生着变化，各种生物所处的生存环境，自然也会有很大的变化。在这个过程中，不论是谁都必须要遵循"适者生存"的自然规律。优胜劣汰是正常的自然法则，无可厚非。但如果因为我们人类的过错，而造成某种生物的灭绝，那才是真正令人扼腕痛惜的事情啊！

　　在桉树丛中生活的考拉，就是这样的一种动物。考拉只吃桉树叶，也就是说，它的食物种类比较单一。但随着人们的滥砍滥伐、开路建屋的行为日益猖獗，桉树丛林的面积在迅速减少。这样一来，考拉的栖息地也跟着被破坏了。它们变得流离失所、无处安身，现在，考拉也被列为濒危物种了。

　　下面，让我们到占地球面积2/3的海洋里去看看那里的动物们又是以何种方法来适应生存环境的吧？

食肉动物们都有哪些特点呢？

食肉动物是以捕食其他动物为生的动物。所以，它们具有巨无霸似的力气和超强的奔跑能力。这样才能确保自己的肚子不挨饿。坚实有力的大腿、锋利无比的利爪，这些都是为了捕食而进化的结果。还有那像锥子一样的尖牙，使它们轻而易举地就能撕碎猎物的厚皮。另外，食肉动物们都只有一个胃，而且它们的肠道要比食草动物短了许多，所以，它们的胃肠更适合消化肉食。

身为食草动物的斑马和角马，为什么要进行大迁徙呢？

在热带草原，雨季一旦结束，马上就会迎来旱季。每当这时，斑马和角马群为了寻找到新的绿草地和水源地，就会开始进行结伴而行的大迁徙。其队伍的规模非常庞大，一群的数量通常可达成千上万匹。放眼望去，那弯弯曲曲、浩浩荡荡地排队前行的景象，壮观极了！虽然其中有一小部分的斑马和角马会在渡过看似平静却暗藏杀机的湍急河流时，被等候多时的鳄鱼群所攻击；也会被那些尾随而来穷追猛打的狮群和猎豹所捕杀。但绝大多数的斑马和角马群，依然会义无反顾地向着目的地执着前行。因为，它们坚信，一大片丰美的草地和充沛的水源地就在前方！

热带草原的雨季和旱季，都有哪些不同呢？

雨季，就是下雨的季节；旱季，就是不下雨的季节。

即使是在雨季里，降雨量的分布也显得非常不均衡。虽然有些年份的降雨量非常充沛，但也有一连2~3年都滴雨不下的年景。另外，真的到了滴雨不下的旱季，强光的照射使得那些植物都一个个打蔫儿，最终甚至会整片整片地枯死。不仅如此，就连河流也会断流，池塘也会枯竭。所以说，这个时期是最考验动物们生存能力的季节。

长脖子的长颈鹿，它的颈椎骨会很多吗？

既然长颈鹿是在这世上脖子最长的动物，那么，它的颈椎骨的数量也一定会是世界第一多喽？不是这样的！它的颈椎骨和其他动物，比如狮子、大象、马、鹿等动物一样，都是7节。我们人类的颈椎骨也是7节。无论是长脖子的动物还是短脖子的动物，只要是哺乳动物，它们的颈椎骨就都是7节。不同之处，就是它们的颈椎骨长度是不一样的。

哗——哗——在波涛汹涌的大海里生活的动物们

你喜欢大海吗？在世界上有许多人都喜欢大海。

海鸥在浩瀚的海面上悠然自得地飞翔，一波波汹涌澎湃的海浪，永不疲倦地在拍打着海岸的岩礁，同时也一遍遍地冲刷绵延不尽的海滩。我们会在沙滩上追逐着海浪，尽情地欢笑；孩子们则会蹲在沙滩上，用他们天真烂漫的童心和稚嫩的小手，堆砌出美轮美奂的童话城堡……

如果要想在海岸边上定居下来生活，首先要了解涨潮与落潮的准确时间。在这里生活的人们，虽然有些人也兼职干一些农活，但大部分还是以出海捕鱼，或捕抓在海滩上生长的贝类等海货为生。

"走啊，去抓海货啊！"

涨潮，是指海水向岸边涌进来的现象；
落潮，是指海水向深海方向退下去的现象；
海滩，是指海水在涨潮和落潮时所经过的岸边之地。

每当落潮时，平时在自家菜地里劳作的妇女们就会三五成群地纷纷走出家门，去捕抓那些搁浅在海滩上的贝类等海货。

　　"涨潮了！"

　　每当海水涨潮的时候，人们又会满载而归地回家。

　　因为涨潮的海水涌灌进来，把整个海滩都给淹没了，所以也就无法捕捉到贝壳类的海货。渔民们当然也会利用这个有利的时机，及时地把船开出浅滩，到深海区域去捕鱼。所以说，渔民们非常熟悉涨潮和落潮的规律，更知道大海的性格。

　　另外，海边时常还会有强台风刮过。所以，四面环海的岛上居民，在盖房子的时候会特意在房顶上加铺一层网，就是为了防止屋顶上的瓦片被强台风吹走。

能透射进暖暖的阳光的天堂！

在海水不断涌灌和退落潮的海滩上，又会有哪些生物呢？

当落潮时，海水远远地退了下去，露出了广阔的海滩。每当这时，我们在一望无际的滩涂地上，就能看到一幅非常热闹的场面：牢牢粘在岩石上的无数个密密麻麻的海牡蛎；还有因为"贪玩儿"，而没有及时地随着落潮的海水游回"家"，被搁浅在海滩上的许多虾虎鱼们，一蹦一跳地挣扎着；也有无数只螃蟹，一个个探头探脑地钻出海滩洞穴，还有抻长了脖子四处张望的海蚯蚓们……

那么，这大海里究竟会有哪些动物呢？

现在可以想象一下，我们坐在一艘潜水艇里面，正在往海底世界缓缓下沉。刚开始，在离海水表面的不远处，我们还能感受到阳光的照射和海水的温暖感觉，但随着越往下沉，就越发地感到黑暗阴冷。所以，我们又把大海的深度，依次分为：有光层，弱光层，无光层等三个层面。随着每个层面的生存环境的不同，鱼儿们的长相也有很大的不同。

有光层是阳光能很好地透射进来的地方。在海水很清澈的情况下，阳光可以透射到离海平面以下200米左右。但在海水很浑浊的情况下，只能透射进1米左右。由于能吸收到阳光的照射，有光层的水温普遍偏高，很利于水中浮游生物的生长和大量繁殖。这片水域的食物非常丰富，可真是有利于许多海洋生

浮游生物，是指在水下随着水流漂浮生活的一种小生物。大致可分为两种，像贝类一样的浮游和像水跳蚤一样的浮游。
光合性，是指植物能利用太阳能，把水和二氧化碳整合转变成自身所需的营养成分的性能。

物生活的天堂啊！

"有食物才是最好的！"

因此，生活在有光层的海洋生物种类非常多。主要有：沙丁鱼、飞鱼、乌贼、海蜇、海龟、鲨鱼、海虾等。

即使是微弱的光，也很知足！

有光层再往下，就是只有非常微弱的光线才能透进来的弱光层。这一层的水温要远低于有光层。

那么，生活在弱光层的海洋生物们又有哪些特点呢？

它们的眼睛和嘴巴都很大，而且自身还带有发光器。

什么叫发光器？发光器，简单说来就是自己能发光的一种生理器官。根据鱼儿们种类的不同，它们的发光器长的部位和模样也各有不同。其中，乌贼全身都长满了发光器；斧头鱼的发光器则并排地长在它们的下腹部……这些发光器的主要用途，就是寻找异性配偶或欺骗猎物。

那么，你知道它们的眼睛为什么要长那么大吗？

"即使在黑暗的区域也能看清东西！"

答对了。只有睁大了眼睛，才能在弱光区看得见食物啊！

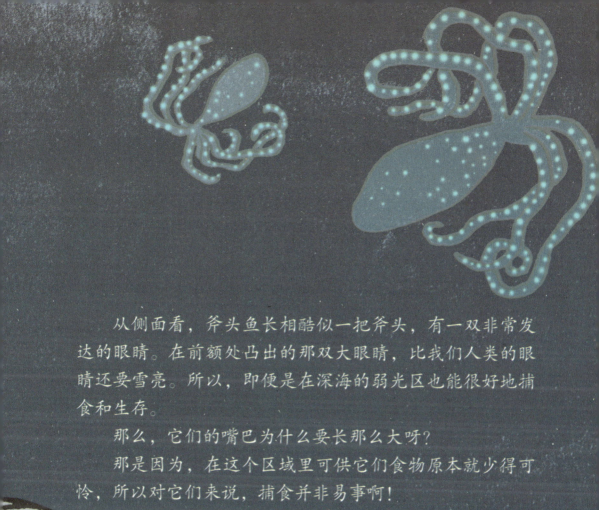

　　从侧面看，斧头鱼长相酷似一把斧头，有一双非常发达的眼睛。在前额处凸出的那双大眼睛，比我们人类的眼睛还要雪亮。所以，即便是在深海的弱光区也能很好地捕食和生存。

　　那么，它们的嘴巴为什么要长那么大呀？

　　那是因为，在这个区域里可供它们食物原本就少得可怜，所以对它们来说，捕食并非易事啊！

　　"只要有食物可吃，就统统拿下！"

　　只要有能看得见的食物，就得抓紧时间一口吞掉，而且只要被自己盯上的食物，还绝不能让它们溜掉。所以，在这样的生存环境下，它们的嘴巴就慢慢进化成如今的大嘴巴了！当斧头鱼张开它那血盆大口的时候，仿佛在说："好小子，还想溜掉？没门！"。

在伸手不见五指的深海无光区里，它们的眼睛还有用武之地吗？

那么，在比弱光区还要深的区域里，鱼儿们的长相又会有什么奇特之处呢？

在这么深的海域里，是根本见不到一丝阳光的，所以这一层也叫无光层。这里海水的压力非常大，而且海水的温度又非常低。你知道究竟有多低吗？水温只有1~2℃啊！按理说，这里并不是很适合鱼类们的生存，但即便如此，还有很多鱼类以它们独有的生存方式在自由自在地生存着。

这条鱼长相非常奇特，它的名字叫"深海恶魔"。在它的前额处长有一个像卫星接收器的凸起物，在这根凸起物的末端还若隐若现地发着光。如果有其他鱼类误以为这是什么可以吃的东西并接近它，那可就掉进了深海恶魔的诱捕圈套了。这时深海恶魔会以闪电般的速度，张开血盆大口，用它那锋利无比的牙齿，瞬间把这个"无知"的猎物吃掉。

在这里生存的海毒蛇也毫不逊色。它们的发光器长在它们长长的背鳍上，它们在捕食的时候，会把发光器放到自己的嘴巴跟前。这时，那些饿昏了头的其他鱼类，还误以为这里有什么好吃的呢！结果，就这么一眨眼的工夫，就成了海毒蛇的盘中餐了！

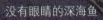

没有眼睛的深海鱼

深海恶魔

　　在这无光层里，当然也生活着很多根本就没有长眼睛的深海鱼类。因为在无光区里生存，长了眼睛也没用。就这样，随着岁月的流逝，它们的眼睛就逐渐退化了。

　　在这里生存的鱼类生活习性和长相都很特别，你说是吧。这都是为了适应这恶劣的生存环境而采取的生存策略啊！

退化，是指生物体的某个器官因长期得不到使用，其外形逐渐变小，或逐渐丧失其功能的现象。

海毒蛇

大海也能划分出区域吗?

　　人们把非常广阔而又原本就连成一片的海洋,划分成了太平洋、大西洋、印度洋、北冰洋、南冰洋等五大洋。

太平洋:是海域最广、最深,也是海水量最丰富的海洋。也是一个海啸、强台风等自然灾害多发的区域。因为这里的海底火山频繁爆发,而这个地区又正好处在太平洋地震带的原因。

大西洋:是海域面积仅次于太平洋的第二大海洋。它的海底也有庞大的火山带。大西洋能把热带地区温暖的海水源源不断地向北输送,使它们形成一股很大的洋流。

印度洋:是指被澳大利亚、非洲大陆以及南冰洋环抱的海洋区域。印度洋的南北气候差别很大。它的北半部因靠近赤道,所以非常热;而南半部又因靠近南冰洋,所以非常冷。

北冰洋:是指位于北极圈及其周边地区,常年冰雪覆盖的海域。但到了夏季,从冰川中会有许多巨大冰块被融化分割下来,漂浮在海面上。这就是我们常说的冰山。

南冰洋:是环抱着南极大陆的海洋,它和北冰洋相似,也是一片冰的海洋。

北冰洋

太平洋

印度洋

南冰洋

大西洋

鲸鲨

大海里最大的动物会是什么呢？

在大海里的所有动物当中，鲸鲨是最大的。当然，在这世上的所有动物中，它的个头也是最大的。有的鲸鲨身长可超过25米，体重也要超过100吨。

鲸鲨的主要活动范围在极地冰冷的海域，它们以海虾和小鱼为食。每当到了冬季，它们就会游到热带地区产下幼崽。平时它们是以2~3头为一个生活群体，但偶尔也能看到数十头在一起群居的壮观景象。可是，它们目前的处境很不乐观，由于人类的捕杀，它们已经面临着绝种的危险境地。

所有的动物们为了在自己的栖息地生存，
而始终做着不懈的努力。
但，人类的滥捕滥杀和盲目破坏栖息地的行为，
使它们面临着空前的灾难。
我们如果想与动物们和睦相处，
究竟应该怎么办呢？

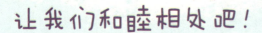

让我们和睦相处吧！

　　看来，地球的生存环境真是丰富而又多样化啊！有只站一会儿就会被冻得瑟瑟发抖的地区；也有只要待上一会儿就有快被烤熟了的感觉的地区；还有因一年四季连绵不断的降雨而变得闷热潮湿的地区；也有雨季和旱季分明的地区。

　　但是，据我们观察，在如此多样化的生存环境中，每个地方都有动物在生存着。即便是再恶劣的环境，都能见到动物们为生存而战的顽强身影。

　　不信你看，不仅在好像要把一切的生物都冻僵似的寒冷极地地区有很多动物，在好

像要把一切生物都烤熟似的酷热沙漠地区，也有动物在很好地生活。

不仅在因为树木生长得过于茂密，而令人寸步难行的热带雨林地区有很多的动物生存；在旱季几乎见不到一滴雨点的热带草原地区，也有很好地适应着当地生存环境的动物；就连透不进一缕阳光的深海地区，也都有很多动物在生存。

北极熊身上那厚重而又密实的皮毛、海象身上的那一身厚厚的脂肪层、唯有长在骆驼脸上的那随时都可以张合的鼻孔、长臂猿的那双超长的臂膀、"深海恶魔"的那张血盆大口与锋利无比的尖牙……所有这些，都是它们为了能更好地适应周围的生存环境而成功进化的典范啊！

如此看来，动物们的适应能力是多么惊人啊！

  但是，我不得不要强调一点，动物们之所以能很好地适应各自的生存环境，因为它们历经了大自然数千数万年的考验而演化。缓慢变化的生态环境为它们留下了足够的适应时间和空间。

  但近年来，因我们人类的各种活动而给大自然带来的破坏是非常惊人的。比如，人类会在不到几天的时间里，把一大片原本很茂盛的原始森林砍伐得一片狼藉；还会把肮脏的生活污水和已经被严重污染了的工业废水，毫无顾忌地直接排入原本清澈见底的大江大河之中，严重影响了海洋的生态环境……人类如此的反复折腾，让那些动物们又何以安身立命呢？毕竟世上还没有哪一种动物，在如此之短的时间内，能适应得了这样迅猛变化的。

  不过，值得庆幸的是，目前有越来越多的人在奔走相告，广泛宣传珍稀动物的重要性，已经不断有人自发地组织起来，去保护那些濒危动物们的栖息地了。

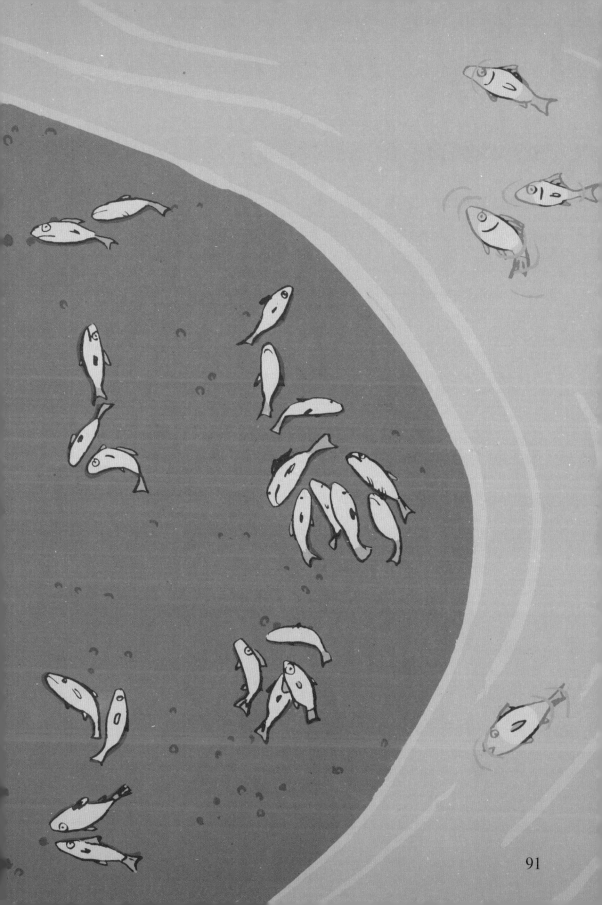

在这世界上，如果唯有人类独自生存，那将会是怎样的凄凉景象呢？

我们将再也听不到小鸟悦耳的歌声；再也见不到雄狮威武的风采；我们的身边也不会出现向主人摇头摆尾讨好的可爱小狗；既没有了喷出高高水柱的鲸鱼，也不见了"喵喵"叫的捕鼠能手；更无法见到那长着黄色绒毛且十分惹人喜爱的小鸡……所有这一切的美景，都只能成为我们脑海之中的美好回忆。

如果真有这么一天，我们的生活将会是多么的寂寞无聊啊！所以说，我们要从现在做起，去珍惜那些动物，怀着一颗钟爱之心与它们交朋友，去跟它们和睦相处。这世上的所有生灵，其实都需要我们去珍惜和关爱的！

那么，怎样才能和它们交上朋友呢？

如果我们给它们都起一个非常好听的名字或送它们一个非常具有特色的外号，你看怎么样？然后，当我们再次见到它们的时候，能准确而又亲切地叫出它们的名字或外号。就像我们同学和朋友之间见了面，都会互相非常亲昵地打招呼一样！

　　长此以往，我们之间的关系会更加亲密，友情也会更加深重。

　　只有和睦相处，才是世上最幸福美好的生活啊！

找找看

动物们，让我们一起玩吧！

我家里有一个动物朋友，它的名字叫杜丽。杜丽是一条属于濒危物种的蜥蜴。它是在印度尼西亚的温暖的地方生活的变色龙。它是我从在繁殖变色龙基地工作的一位朋友手里要来的。

杜丽的皮肤像穿了一身铠甲一样浑身坚硬，背上还长着像小锯齿一样的凸起物，眼圈周围泛着橘黄色。因为它属于夜行性动物，所以在白天，它会老老实实地待在一个角落里一动不动。你都不知道它有多么温顺可爱！

我非常了解杜丽的生活习性。杜丽喜欢温暖的地方，而且它对环境湿度的要求比较高。所以，我在客厅中央摆放了一个盛满水的大水盆。我还要经常用手持喷雾器，向四周喷上浓浓的水雾。我又把整个房间全都安上了电热装置。这样，我就随时可以为它调控室内的温度，好让它在我们家里住得舒舒服服的。

杜丽这个小家伙，好像对我的这种精心安排很满意。在我家吃得好、睡得香。而且每当在我给它洗热水澡的时候，好像在向我表示感谢似的，还"吱——吱——"地叫上几声。

像我的这位朋友杜丽一样，每个动物身上都有适应生存环境的强烈个性。我们人类在日常生活当中，也要发挥出自身的个性。那么，我们的个性又是什么呢？

这就是，坚决不去破坏大自然，珍爱所有的动物，并和它们交上朋友，与它们和睦相处。

怎么样？你的身上有这种个性吗？我衷心祝愿你会有的！

每天都和杜丽愉快玩耍的俞大静

© 2016，简体中文版权归辽宁科学技术出版社所有。

本书由Truebook Sinsago Co.,Ltd.授权辽宁科学技术出版社在中国大陆独
家出版简体中文版本。著作权合同登记号：06-2014第03号。

图书在版编目（CIP）数据

我的自然笔记. 可爱动物 /（韩）柳多情著；（韩）申智
修绘；崔雪梅译. —沈阳：辽宁科学技术出版社，2016.3

ISBN 978-7-5381-9332-9

Ⅰ.①我… Ⅱ.①柳… ②申… ③崔… Ⅲ.①动物—
儿童读物 Ⅳ.①Q-49

中国版本图书馆CIP数据核字（2015）第161743号

出版发行：辽宁科学技术出版社
　　　　　（地址：沈阳市和平区十一纬路29号　邮编：110003）
印 刷 者：辽宁彩色图文印刷有限公司
经 销 者：各地新华书店
幅面尺寸：170mm×240mm
印　　张：6
字　　数：200千字
出版时间：2016年3月第1版
印刷时间：2016年3月第1次印刷
责任编辑：姜　璐
封面设计：袁　舒
版式设计：袁　舒
责任校对：栗　勇

书　　号：ISBN 978-7-5381-9332-9
定　　价：25.00元

投稿热线：024-23284062　1187962917@qq.com
邮购热线：024-23284502